Marcos Carnevali
Roberto Simões

Manutenção em fornos utilizando confiabilidade centrada na manutenção

AF153150

Marcos Carnevali
Roberto Simões

Manutenção em fornos utilizando confiabilidade centrada na manutenção

Manutenção preventiva em fornos de tratamento térmico

Novas Edições Acadêmicas

Impressum / Impressão
Bibliografische Information der Deutschen Nationalbibliothek: Die Deutsche Nationalbibliothek verzeichnet diese Publikation in der Deutschen Nationalbibliografie; detaillierte bibliografische Daten sind im Internet über http://dnb.d-nb.de abrufbar.
Alle in diesem Buch genannten Marken und Produktnamen unterliegen warenzeichen-, marken- oder patentrechtlichem Schutz bzw. sind Warenzeichen oder eingetragene Warenzeichen der jeweiligen Inhaber. Die Wiedergabe von Marken, Produktnamen, Gebrauchsnamen, Handelsnamen, Warenbezeichnungen u.s.w. in diesem Werk berechtigt auch ohne besondere Kennzeichnung nicht zu der Annahme, dass solche Namen im Sinne der Warenzeichen- und Markenschutzgesetzgebung als frei zu betrachten wären und daher von jedermann benutzt werden dürften.

Informação biográfica publicada por Deutsche Nationalbibliothek: Nationalbibliothek numera essa publicação em Deutsche Nationalbibliografie; dados biográficos detalhados estão disponíveis na Internet: http://dnb.d-nb.de.
Os outros nomes de marcas e produtos citados neste livro estão sujeitos à marca registrada ou a proteção de patentes e são marcas comerciais registradas dos seus respectivos proprietários. O uso dos nomes de marcas, nome de produto, nomes comuns, nome comerciais, descrições de produtos, etc. Inclusive sem uma marca particular nestas publicações, de forma alguma deve interpretar-se no sentido de que estes nomes possam ser considerados ilimitados em matérias de marcas e legislação de proteção de marcas e, portanto, ser utilizadas por qualquer pessoa.

Coverbild / Imagem da capa: www.ingimage.com

Verlag / Editora:
Novas Edições Acadêmicas
ist ein Imprint der / é uma marca de
OmniScriptum GmbH & Co. KG
Heinrich-Böcking-Str. 6-8, 66121 Saarbrücken, Deutschland / Niemcy
Email / Correio eletrônico: info@nea-edicoes.com

Herstellung: siehe letzte Seite /
Publicado: veja a última página
ISBN: 978-3-8417-0561-7

MANUTENÇÃO PREVENTIVA EM FORNOS DE TRATAMENTO TÉRMICO UTILIZANDO CONFIABILIDADE CENTRADA NA MANUTENÇÃO (CCM).

MARCOS CARNEVALI

ROBERTO SIMÕES

Aos meus pais Valter e Maria, pelo
amor e o lar equilibrado que permitiu minha
evolução. Para minha esposa Tânia e meu
filho Lucas, pela compreensão.

À Deus por iluminar minha mente e proteger-me diante das adversidades
encontradas na elaboração deste trabalho.

Aos amigos e colegas da Acument Global Technologies pela solidariedade
durante a elaboração deste trabalho.

RESUMO

O presente trabalho busca apresentar de forma sucinta as técnicas tradicionais de modelagem e análise de confiabilidade e mantenabilidade para sistemas não reparáveis visando a manutenção preventiva em fornos de tratamento térmico utilizando Confiabilidade Centrada na Manutenção - CCM (*Reability-Centered Maintenance - RCM*) ; técnica de inteligência computacional também é sucintamente analisada. Em termos de aplicação buscou-se a utilização de uma técnica de inteligência computacional ao problema de otimização de confiabilidade para substituição de sensores de temperatura do tipo termopares em fornos de tratamento térmico de têmpera, possibilitando a manutenção preventiva atendendo exigências das normas ISO 9000 e ISO/TS/16949. O desempenho do sistema pode ser medido em termos do tempo médio até a falha *(MTTF – Mean Time To Failure)*. O histórico de aferição e substituição de termopares nos fornos de tratamento térmico de têmpera permitiu estimar os parâmetros de interesse. Para identificar o tipo de distribuição de probabilidade aplicável ao modelo, foram utilizados os métodos gráficos de probabilidade. Os pontos desses gráficos são determinados utilizando uma combinação dos métodos paramétricos e não paramétricos. Com o método apresentado é possível estimar um intervalo de confiança para a manutenção preventiva nos fornos de tratamento térmico de têmpera.

PALAVRAS-CHAVE: Confiabilidade, Manutenção Preventiva, Termopares, Fornos, Gráficos de Probabilidade, Distribuição de Probabilidades.

ABSTRACT:

This work aims to present traditional as well as computational intelligence based techniques for reliability modeling and analysis of non-repairable systems (seeking the preventive maintenance in furnace of thermal treatment of tempering using reliability-centered maintenance (RCM). Computational intelligence technique to reliability engineering are briefly presented. In order to demonstrate the applicability of Computational Intelligence to reliability optimization problems to substitution of sensor of temperature of the type termocouples in furnace of thermal treatment of tempering, making possible the preventive maintenance assisting demands of the norms ISO 9000 and ISO/TS/16949. From the reliability engineering perspective systems performance can be measured in terms of mean time to failure (MTTF). The gauging report and thermocouples substitution in the furnace of thermal treatment of tempering allowed the parameters of interest. To identify the probability distribution, the graphic methods can be used. The points of this graph are determined using a combining parametric and non-parametric method. With the presented method it is possible to esteem a trust interval for the preventive maintenance in the furnace of thermal treatment of tempering.

KEYWORDS: Reliability, Preventive Maintenance, Termocouples, Furnaces, Probability plot, Distributions of probabilities.

SUMÁRIO

LISTA DE FIGURAS

LISTA DE EQUAÇÕES

1 INTRODUÇÃO

Na indústria encontramos três formas de manutenção: a manutenção corretiva (MC), a manutenção preventiva (MP) e a manutenção preditiva (MPD). A manutenção corretiva consiste na substituição ou reparo de um item defeituoso; a manutenção preventiva consiste na substituição de um item conforme levantamento do histórico de ocorrência de defeitos do item, sua substituição é realizada antes que ocorra o defeito; a manutenção preditiva consiste na substituição de um item através do uso de equipamentos que monitoram itens importantes, como exemplo podemos citar o uso de acelerômetros monitorando ruídos no eixo do mancal de um motor principal de uma prensa automática, com a análise do ruído consegue-se determinar as condições dos rolamentos do motor e "predizer " sua vida útil , através desta análise são elaborados planejamentos de substituição do rolamento. A maioria das indústrias no Brasil utiliza somente a manutenção corretiva. Existe uma cultura errônea em que a manutenção preventiva gera um custo maior para a indústria. Uma manutenção preventiva bem elaborada é feita com base em um banco de dados confiável e com a utilização de ferramentas de estatística, sendo muito comum o uso de ferramentas de inteligência computacionais. A confiabilidade dos dispositivos pode ser reportada de várias formas, utilizando-se, por exemplo, de algumas quantidades de interesse, denominadas figuras de mérito.A denominação "figura de mérito" diz respeito a um conjunto de parâmetros que devem ser medidos sob determinadas condições convencionadas internacionalmente tais como , tempo médio entre falhas – TMEF *(Mean Time Between Failure – MTBF)* e o tempo médio até a falha – TMF *(Mean Time Failure – MTTF)*.

O Tempo Médio até a Falha (TMF) *MTTF* ou *Mean Time to Failure*, é o tempo que um item leva para falhar. Será utilizada neste texto a abreviação dos termos na língua inglesa *(Mean Time To Failure)*, por se tratar da forma usual. Os fornos de tratamento térmico de

1

têmpera para fixadores industriais (parafusos) são monitorados por sensores do tipo termopares. Uma falha nos termopares instalados em zonas críticas de tais fornos pode causar a perda da produção ou da qualidade do produto. Os itens de segurança, tais como fixadores para rodas, volantes e cintos de segurança são temperados nestes fornos tornando extremamente crítica uma falha de termopar. Manutenção Preventiva é necessária neste tipo de forno. Com dados do histórico da aferição e substituição dos termopares reportados, avaliam-se os desvios dos termopares para a elaboração de Manutenção Preventiva nos fornos de tratamento térmico de têmpera.

Nas indústrias de autopeças, a qualidade da produção deve atender os requisitos de normas adotadas ou elaboradas pelas indústrias montadoras de automóveis, a confiabilidade centrada na manutenção deve servir de ferramenta para a elaboração de manutenção preventiva atendendo os requisitos das normas *ISO9000* E *ISO/TS16949*.

2 CONCEITOS BÁSICOS

2.1 MANUTENÇÃO

Do ponto de vista da engenharia, existem dois elementos para a administração de qualquer recurso físico. Deve ser mantido e de vez em quando também pode precisar ser modificado. Dois dentre os principais dicionários definem *manter* como *causa para continuar* (*Oxford*) ou manter um estado existente (*Webster*). Isto sugere que manutenção significa preservar algo. Por outro lado, nos dois dicionários encontramos que *modificar* algo significa *mudar* isto de algum modo. Esta distinção entre manter e modificar tem implicações em manutenção.

Quando se tem a intenção de manter algo, o que se deseja realizar para continuar? Qual é o estado existente que se deseja preservar?

A resposta para estas perguntas pode ser achada no fato de que todo recurso físico é posto em serviço, porque se quer fazer algo. Em outras palavras, se espera que esse recurso cumpra uma função específica ou funções específicas. Assim quando se mantêm um recurso, o estado que deseja preservar deve ser aquele em que esse recurso continue a fazer o que seus usuários desejam. Manutenção, portanto assegura que os ativos físicos continuem a fazer o que seus usuários querem que esses ativos façam (Moubray, 1997).

Um aspecto relevante na definição de manutenção é seu escopo de atuação que, de acordo com conceitos mais atuais, refere-se ao papel de restabelecer/restaurar a função dos sistemas sobre o qual executa algum tipo de ação. Muito embora a abordagem corretiva seja adotada em alguma circunstância, o foco da manutenção deve ser predominantemente voltado à prevenção.

Existem vários tipos de manutenção: manutenção planejada, manutenção preventiva, manutenção corretiva e manutenção preditiva.

A manutenção planejada é aquela que leva em conta manutenção levando em conta a premeditação sobre o que será verificado, ajustado e substituído.

A manutenção é preventiva quando a realizamos a intervalos predeterminados buscando reduzir a probabilidade de fracasso ou degradação do desempenho. Um sistema efetivo de manutenção deve ser aquele que alcança seus objetivos minimizando o período de tempo no qual o equipamento não está em condições de executar sua função.

A manutenção é corretiva quando depois de ocorrer uma falha de um item, deseja-se restabelecer esse item a um estado no qual possa executar novamente sua função.

A manutenção preditiva faz parte da manutenção preventiva planejada. Para determinar a freqüência de verificações necessárias para predizer quando uma falha pode acontecer. Uma ferramenta muito utilizada em manutenção preditiva é a análise de vibração.

Um conjunto de sensores é instalado para monitorar as vibrações e assim, quando a vibração exceder a um limite pré-determinado, a necessidade de manutenção ficará indicada (Hoyle, 2005).

A maioria dos produtos novos, seja industrial ou comercial são aprimorados em relação aos seus antecessores. Os projetos, processos e métodos empregados nesses produtos para sua construção, teste e operação foram aperfeiçoados. O termo otimização foi empregado para descrever técnicas utilizadas para o aperfeiçoamento contínuo desses produtos. Esse novo termo foi aplicado à manutenção e assim surge o termo otimização de manutenção. A otimização de manutenção tornou-se um foco na administração de vários assuntos de organização e métodos, tornando-se um conceito importante no aprimoramento da manutenção (Smith, 2004). A manutenção é muito importante seja na automação industrial ou comercial, técnicas e métodos modernos de planejamento da produção abrangem a manutenção como meio de aperfeiçoamento do processo produtivo. O desenvolvimento e otimização de um produto na indústria ou no comércio dependem cada vez mais da eficiência de seu processo e para que tudo seja mantido a manutenção tem que ser aprimorada, otimizada para evitar interrupções em todo processo. O avanço da tecnologia nas últimas décadas permitiu a otimização da manutenção, softwares sofisticados de gerenciamento são são amplamente utilizados com o intuito de otimizar a manutenção. Sistemas automáticos de monitoramento e verificação dos itens envolvidos no controle e manutenção do processo são utilizados cada vez mais pela indústria e comércio.

2.2 CONFIABILIDADE

É a habilidade que um item deve ter para executar uma função exigida, sob certas condições ambientais e operacionais num período declarado de tempo (Benbow,2009).

Confiabilidade é uma característica de um item, expressa pela probabilidade deste item executar sua função exigida sobre determinadas condições em um intervalo de tempo estipulado (Benbow,2009). Geralmente é designada pela letra R *(Reliability)* (Benbow,2009) . De um ponto de vista qualitativo, confiabilidade pode ser definida como a habilidade do item para permanecer funcional (Benbow,2009). Quantitativamente, confiabilidade especifica a probabilidade que nenhuma falha operacional ocorrerá durante um intervalo de tempo (Benbow,2009). Isto não significa que partes redundantes não possam falhar. Isso pode acontecer, sendo, tais falhas reparadas sem interrupção operacional. O conceito de confiabilidade aplica-se tanto a itens não reparáveis como também a itens reparáveis (Birolini, 2007).

As definições de Confiabilidade apresentadas no parágrafo anterior são restritivas e preconizam o uso de técnicas tradicionais de probabilidade e estatística para o cálculo de Confiabilidade. A necessidade de se determinar o que é "falha" além de se especificar, ou isolar de forma objetiva todos os fatores causais ou relevantes que propiciam o seu desenvolvimento ou ocorrência (conhecimento dos mecanismos de falha) podem tornar a modelagem matemática de confiabilidade num grande desafio, caso não sejam assumidas condições simplificadoras como, por exemplo, considerar que as condições operacionais e outros fatores ambientais sejam constantes, que as falhas sejam independentes, entre outras.

Uma medida utilizada para expressar a Confiabilidade, é o tempo médio até a falha *(MTTF – Mean Time To Failure)*, outra medida com características semelhantes é, o tempo médio entre falhas *(MTBF – Mean Time Between Failure)* para o caso de sistemas reparáveis.

5

As duas medidas são as médias das distribuições de probabilidade que se ajustam aos dados de falha, caso modelos estocásticos sejam utilizados.

2.3 MANTENABILIDADE

É a habilidade de um item sob condições normais de uso, em ser mantido ou restabelecido, num estado no qual possa executar suas funções exigidas, quando a manutenção é executada sobre condições planejadas com procedimentos e recursos prescritos (Benbow,2009).

Existe uma relação muito forte entre manutenção e mantenabilidade, é importante se fazer uma distinção entre os dois conceitos. O conceito de mantenabilidade refere-se às medidas e ações executadas durante a fase de projeto de um sistema com o objetivo de incluir funcionalidades que facilitem a manutenção, que garantam mínima indisponibilidade caso um reparo precise ser executado (Benbow,2009).

Quando um item de equipamento ou uma máquina falha, considerando que nenhum projeto pode ser feito absolutamente confiável, é importante que deva ser consertado para novamente estar disponível no tempo mais curto possível.

Como um exemplo, a fonte principal de renda de uma linha aérea vem do pagamento das passagens de seus passageiros. A maioria das aeronaves civis deve voar por muitas horas para poder cobrir o custo de operação. Aeronaves de pequeno porte devem estar em vôo até 10 horas por dia, enquanto que aeronaves de grande porte, jatos como Boeing 747, precisam chegar a um uso diário próximo de 14 horas (Dyadem,2003). Além disso, quando a aeronave está no chão, ou seja, em manutenção no hangar sendo consertado, não se ganha renda e o custo de um Boeing 747 fora de operação pode chegar perto de £ *100.000* (R$300.000) por dia (Dyadem,2003), portanto deve-se planejar com muito cuidado a manutenção da aeronave.

Mantenabilidade é uma medida da velocidade com que a perda de desempenho é descoberta, a falha localizada, consertos completados e uma verificação feita para que o equipamento esteja funcionando novamente (Dummer, Tooley and Winton, 1997).

2.4 FALHA, MODOS DE FALHA E ANÁLISE DE FALHA

A falha está associada à falta da realização de uma função ou procedimento desejado. As falhas de sistemas acontecem por mecanismos associados à fenômenos físicos dentro de uma única estrutura , tal como o uso de estampo, furos e paredes laterais de um pneu de automóvel. Ou componentes fisicamente distintos de um sistema, como a unidade de processamento, disco rígido e memórias de um computador. Em qualquer caso é possível separar as falhas de acordo com o mecanismo ou componentes que causaram as falhas. Referimos a estes itens coletivamente como modos de falhas independentes (Lewis, 1994).

O termo modo de falha refere-se à forma como uma falha se manifesta. O modo de falha funcional refere-se à forma como o sistema/componente deixa de cumprir sua missão/função. O modo de falha físico refere-se a uma característica observável, mensurável ou não, relacionada a um fenômeno físico de deterioração e/ou degradação (Benbow,2009).

O modo de falha pode ser definido como qualquer evento que faça um recurso,sistema ou processo falhar. No entanto, é vago e simplista aplicar o termo 'falha' em um recurso como um todo. É mais preciso distinguir em :

falha funcional (um estado de falha) e o modo de falha (um evento que poderia causar um estado de falha). Esta distinção conduz a uma definição mais precisa do modo de falha.O modo de falha é qualquer evento que causa uma falha funcional (Moubray, 1997).

A necessidade do aperfeiçoamento contínuo de produtos que sofreram *recall* é de grande importância , itens de segurança tais como fixadores industriais (parafusos) utilizados em cintos de segurança, rodas e outros itens utilizados nas montadoras automobilísticas e

7

empresas de diversos ramos de atividade que requerem qualidade, confiabilidade e segurança são regulamentadas por organizações governamentais e privadas de padronização internacional. Implicações legais e acima de tudo o desejo das companhias em aperfeiçoar sua posição no mercado e diante de seus clientes, tornou-se fundamental o estudo e desenvolvimento de técnicas para o tratamento de avaliação e monitoramento de falhas. Estes requerem produtos manufaturados com análise de risco que identifiquem e minimizem falhas de peça/sistema através do ciclo de vida do produto. A metodologia de modo de falhas e análise de efeitos *(FMEA - Failure Modes and Effects Analysis)* é uma das técnicas de análise de risco recomendada por organizações internacionais. É um processo sistemático para identificar falhas em potencial, para identificar possíveis causas de falhas bem como eliminar tais causas, e localizar o impacto e como o impacto pode ser reduzido (Dyadem,2003). Este é um método qualitativo,identificando-se os modos de falha de componentes que poderiam incapacitar a operação de um sistema ou iniciadores de acidentes com graves consequências externas (Zio, 2007).

A deterioração dos termopares é a característica utilizada no estudo de suas falhas. A deterioração física do termopar ocorre sempre devido à atmosfera do meio em que está instalado.Termopares são sensores de temperatura e são instalados onde ocorrem as transformações físicas desejadas nos processos industriais ou comerciais estando sempre em ambientes com grande concentração de gases e troca de calor. Com o tempo os termopares deixam de cumprir sua função devido as condições adversas do meio com o qual está em contato.

Como todo processo industrial é exposto a muitas transformações físicas em seu processo. Estas transformações físicas causam a deterioração do recurso utilizado no processo diminuindo sua capacidade, ou mais precisamente, sua confiabilidade. Eventualmente a confiabilidade do recurso utilizado diminui tanto que já não pode entregar o desempenho desejado, ou seja, ocorre a falha. Deterioração cobre todas as formas de 'desgaste' (fadiga, corrosão, abrasão, erosão, evaporação, degradação de isolamento, etc.). Estes modos de falhas deveriam ser incluídos, em uma lista de prováveis modos de falhas (Moubray, 1997).

2.5 SISTEMAS REPARÁVEIS E NÃO REPARÁVEIS

Uma classificação importante de sistemas provém de suas características em termos de reparabilidade. Sistemas podem ser reparáveis e não-reparáveis. Sistemas reparáveis são passíveis de manutenção, ou seja, uma vez detectada uma falha, sua condição operacional pode ser restaurada através de algum tipo de intervenção, diferente do que simplesmente efetuar sua substituição. Sistemas não-reparáveis não são passíveis de manutenção, ou seja, uma vez que apresentaram falha, não podem ter sua função restabelecida, não havendo outro tipo de ação de manutenção possível senão a sua substituição/descarte.

A técnica para a modelagem de confiabilidade será apresentada para sistema não-reparável. A mantenabilidade é em geral modelada utilizando modelos estocásticos similares aos da confiabilidade, e somente faz sentido no contexto de sistemas reparáveis. Diversas medidas quantitativas são utilizadas para a confiabilidade de um item não-reparável. Este item pode ser um componente pequeno até um sistema grande. Quando um item é classificado como não-reparável, apenas é realizado o estudo do item antes que ocorra a primeira falha. Em alguns casos o item pode ser literalmente não-reparável, sabendo-se que ele será descartado pela primeira falha. Iremos utilizar modelos de falha para este estudo (Rausand, 2004).

2.5.1 Modelos de falha

Existem quatro importantes medidas para a confiabilidade de um item não-reparável. Estes são: A função confiabilidade $R(t)$ a função taxa de falha $z(t)$, o tempo médio até a falha

(MTTF - Mean Time To Failure) e a vida média residual *(MRL – Mean Residual Life)* (Rausand, 2004).

2.5.1.1 Variável de estado

O estado de um item no tempo t pode ser descrito pela variável de estado X(t):

X(t) =   1 se o item está funcionando no tempo t

0 se o item está num estado de falha no tempo t

A variável de estado de um item não reparável está ilustrada na figura 1 e geralmente será a variável aleatória.

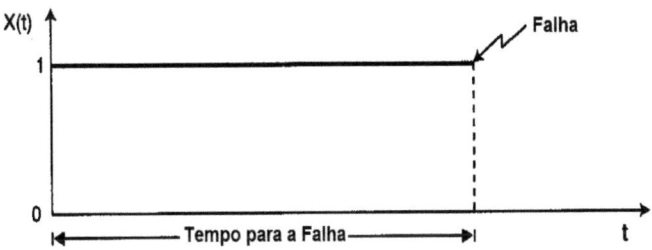

Figura 1. Variável de estado de um item não reparável

2.5.1.2 Tempo para a falha

O tempo para a falha de um item é o tempo decorrido desde quando o item é colocado em operação até sua falha pela primeira vez. Ajusta-se t = 0 como ponto inicial. Até certo ponto o tempo para a falha é sujeito a possíveis variações. É natural interpretar o tempo para a falha como uma variável aleatória, T. O tempo para a falha T não é sempre medido no calendário de tempo. Ele deve também ser medido por mais conceitos de tempo indireto, tal como: Número de vezes que uma chave é operada, a quilometragem feita em um veículo, número de rotações de um rolamento, número de ciclos de um item trabalhando periodicamente. Destes exemplos, é dito que o tempo para a falha pode ser frequentemente uma variável discreta. Uma variável discreta pode, porém, ser aproximada para uma variável continua. Aqui, assume-se que o tempo para a falha T é continuamente distribuído como função de densidade de probabilidade f(t) e função de distribuição F(t).

(1)

$$F(t) = \Pr(T \le t) = \int_0^t f(u)du, \text{ para } t > 0$$

F(t) denota a probabilidade que o item falha dentro de intervalo de tempo (0, t].

A função densidade de probabilidade f(t) é definida como:

(2)

$$f(t) = \frac{d}{dt} F(t) = \lim_{\Delta t \to 0} \frac{F(t+\Delta t) - F(t)}{\Delta t} = \lim_{\Delta t \to 0} \frac{Pr(t<T\le t+\Delta t)}{\Delta t}$$

Isto implica que quando Δt é pequeno,

(3)

$$\Pr(t < T \le t + \Delta t) \approx f(t) \cdot \Delta t$$

A função distribuição F(t) e a função densidade de probabilidade f(t) são ilustradas na figura 2.

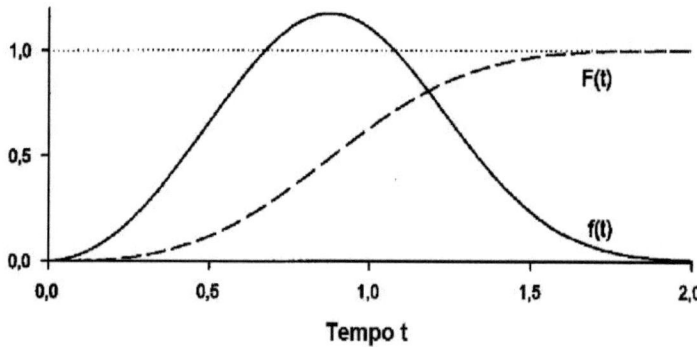

Figura2. Função distribuição F(t) e Função densidade de probabilidade f(t)

11

2.5.1.3 A função confiabilidade R(t)

A função confiabilidade de um item é definida por:

(4)

$$R(t) = 1 - F(t) = Pr(T > t) \text{ para } t > 0$$

Ou seu equivalente:

(5)

$$R(t) = 1 - \int_0^t f(u)du = \int_t^\infty f(u)du$$

Em consequência R(t) é a probabilidade de que o item não falha no intervalo de tempo (0,t], é a probabilidade de que o item sobreviva no intervalo de tempo (0,t] e ainda esteja funcionando no tempo t. A função confiabilidade R(t) é também chamada de função de sobrevivência e é ilustrada na figura 3.

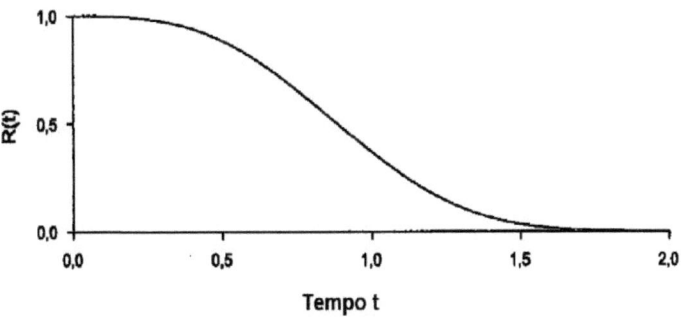

Figura 3. A função confiabilidade (sobrevivência) R(t)

2.5.1.4 Função taxa de falha

A probabilidade que um item irá falhar no intervalo de tempo (t, t + Δt] quando o item está funcionando num tempo t é:

$$(6)$$

$$Pr(t < T \leq \Delta t | T > t) = \frac{Pr(t < T \leq t + \Delta t)}{Pr(T > t)} = x = \frac{F(t + \Delta t) - F(t)}{R(t)}$$

Ao dividir esta probabilidade pelo comprimento do intervalo de tempo, Δt, e levando $\Delta t \rightarrow 0$, obtem-se a função taxa de falha z(t) do item:

$$(7)$$

$$z(t) = \lim_{\Delta t \to 0} \frac{Pr(t < T \leq t + \Delta t \mid T > t)}{\Delta t}$$

Para $\Delta t \rightarrow 0$, temos :

$$\frac{F(t + \Delta t) - F(t)}{\Delta t} \frac{1}{R(t)} = \frac{f(t)}{R(t)}$$

Isto implica que quando Δt é pequeno,

$$(8)$$

$$Pr(t < T \leq t + \Delta t \mid T > t) \approx z(t) \cdot \Delta t$$

Observação: Verifica-se a semelhança e a diferença entre a função densidade de probabilidade f(t) e a função taxa de falha z(t).

$$(9)$$

$$Pr(t < T \leq t + \Delta t) \approx f(t) \cdot \Delta t$$

$$(10)$$

$$Pr(t < T \leq t + \Delta t \mid T > t) \approx z(t) \cdot \Delta t$$

2.5.1.5 Tempo médio para a falha

O tempo médio para a falha *(MTTF)* de um item é definido por:

$$(11)$$

$$MTTF = E(T) = \int_0^\infty t f(t) dt$$

13

Quando o tempo requerido para o reparo ou substituição de um item que falhou é bruscamente comparado ao *MTTF*. O *MTTF* também representa o tempo médio entre falhas *(MTBF)*. Se o tempo para o reparo não pode ser negligenciado, *MTBF* também inclui o tempo médio para o reparo *(MTTR)*.

Desde que $f(t) = - R'(t)$,

(12)

$$MTTF = - \int_0^\infty tR'(t)dt$$

Por integração parcial:

(13)

$$MTTF = - [tR(t)]_0^\infty + \int_0^\infty R(t)dt$$

Se MTTF $< \infty$, temos $[tR(t)]_0^\infty = 0$. Neste caso:

(14)

$$MTTF = \int_0^\infty R(t)dt$$

O tempo médio para a falha de um item pode também ser derivado usando Transformada de Laplace. A transformada de Laplace de uma função confiabilidade *R(t)* é:

(15)

$$R^*(s) = \int_0^\infty R(t) e^{-st}dt$$

Quando s = 0, obtem-se:

(16)

$$R^*(0) = \int_0^\infty R(t) dt = MTTF$$

O *MTTF* pode ser derivado da transformada de Laplace $R^*(s)$ da função de confiabilidade *R(t)*, pelo ajuste de s = 0.

2.5.2 Vida mediana

O *MTTF* é apenas uma das varias medidas de "centro" da distribuição de vida. Uma alternativa de medida é a vida mediana t_m,definida por:

(17)

$$R(t_m) = 0,50$$

A mediana divide a distribuição em duas metades. O item irá falhar antes do tempo t_m com 50% de probabilidade, e irá falha depois do tempo t_m com 50 % de probabilidade.

2.5.3 Moda

A moda de uma vida de distribuição é o tempo mais provável , o tempo tmoda quando a função densidade de probabilidade *f(t)* atinge seu máximo:

(18)

$$F(\text{tmoda}) = \max_{0 \leq t \leq \infty} f(t)$$

A figura 4 mostra a localização do *MTTF*, a vida mediana t_m, e a moda t_{mode} para uma distribuição que é inclinada para a direita.

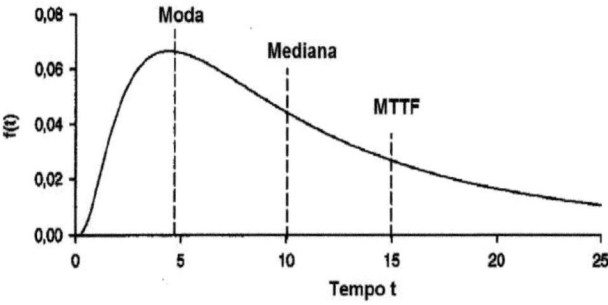

Figura 4. Localização do *MTTF*, vida mediana e moda

2.5.4 Vida residual média

Ao considerar-se um item com tempo para falha T o qual é posto para inicio de operação em tempo t = 0 e está ainda funcionando no tempo t. A probabilidade que o item de idade t sobreviva a um intervalo adicional intervalo x é:

$$(19)$$

$$R(x \mid t) = Pr(T > x + t \mid T > t) = \frac{Pr(T > x + t)}{Pr(T > t)} = \frac{R(x+t)}{R(t)}$$

R(x | t) é chamado a função confiabilidade condicional do item até a idade t. A vida residual média (ou remanescente) , *MRL(t)* , do item até a idade t é:

$$(20)$$

$$MRL(t) = \mu(t) = \int_0^\infty R(x \mid t) dx = \frac{1}{R(t)} \int_t^\infty R(x) dx$$

Quando t = 0, o item é novo, e temos $\mu(0) = \mu = MTTF$. Ele é algumas vezes de interesse para estudar a função:

$$(21)$$

$$g(t) = \frac{MRL(t)}{MTTF} = \frac{\mu(t)}{\mu}$$

Quando um item tem sobrevivência acima do tempo t, então g(t) dá o *MRL(t)* como uma porcentagem do *MTTF* inicial. Se, por exemplo, g(t) = 0,60, então o tempo de vida residual, *MRL(t)* no tempo t, é 60% do tempo de vida residual 0.

Por diferenciação $\mu(t)$ com respeito a t, temos que a função zona de falha z(t) pode ser expressa como:

$$(22)$$

$$z(t) = \frac{1 + \mu'(t)}{\mu(t)}$$

16

2.6 Ciclo de vida do produto

A engenharia de confiabilidade identifica 3 estágios no ciclo de vida de um produto: O primeiro estágio é chamado de *burn-in*, o estágio imediato de falha, o estágio de mortalidade infantil, ou o estágio de faixa de falha decrescente. As falhas que ocorrem durante o estágio de falha imediata são usualmente associadas com a manufatura do projeto. Exemplos de causas de falhas incluem testes inadequados ou *burn in time*, controle de qualidade pobre, mão de obra deficiente, materiais ou componentes fracos, e erros humanos na fabricação ou montagem. Todas estas falhas deveriam ocorrer na empresa e serem corrigidas antes da entrega ao cliente. O segundo estágio é chamado de estágio da zona de falha constante ou estágio de causas aleatórias, ou o usual estágio de vida. Durante este estágio a zona de falha é aproximadamente constante. Note que a zona de falha não é necessariamente zero. Durante este estágio falhas têm causas aleatórias e não podem usualmente serem consideradas como problemas de produção. Reduzir a zona de falha durante este estágio usualmente requer mudanças no projeto do produto.

O terceiro estágio é chamado de estágio de *wear-out*, estágio de fadigas, ou a zona do estágio de falha de incremento. Estas falhas são causadas por produtos ou componentes com fadiga. Estes estágios são descritos na curva da banheira, ilustrada na figura 5. Note: que o estágio de vida usual é algumas vezes referido como o estágio de causas aleatórias, causas aleatórias estão geralmente presentes durante todos os três estágios.

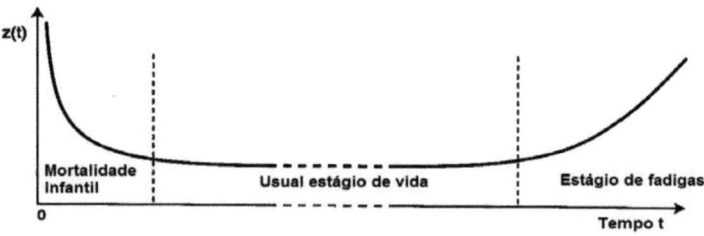

Figura5. Curva da Banheira, curva de Weibull

3 DADOS E DISTRIBUIÇÕES

A análise estatística de experiências de laboratório, testes de protótipos e dados de campo são realizadas pela engenharia de confiabilidade. Só pela análise estatística de tais dados podemos aplicar em modelos de confiabilidade e testar sua validade (Lewis, 1994).

Para obter informação sobre a distribuição de vida $FT(t)$ de um componente, é necessário levar em conta um teste de vida onde n unidades idênticas do componente é ativado e seus tempos de vida registrados. As suposições fundamentais que são feitas são que as vidas de n componentes são estatisticamente independente e identicamente distribuídas de acordo com a função distribuição $FT(t)$. A suposição do tempo de vidas identicamente distribuídas corresponde à suposição que os componentes são nominalmente idênticos, que é do mesmo tipo e exposto aproximadamente nas mesmas condições ambientais e tensões operacionais. A suposição de meios de independência onde os componentes não são afetados pela operação ou falha de qualquer outro componente no conjunto.Quando realiza-se um teste de tempo de vida, são definidos parâmetros para finalizar o teste, quando finaliza-se um teste sobre itens que ainda não falharam por alguma condição adversa em que o item não está mais sobre as mesmas condições dos demais itens sobre teste é dito que o item foi censurado.Como exemplo de censura pode-se observar em um teste de tempo de vida em ventiladores industriais onde por defeito na tomada elétrica um dos ventiladores foi desligado, este item não está mais nas mesmas condições operacionais que os demais itens, sendo considerado censurado. A censura de um item não implica na censura de todos os itens, a censura é independente para cada item. Uma censura para todos os itens ao mesmo tempo ocorrerá somente quando um determinado tempo de teste for pré-estabelecido (Quando temos registro de tempo de vida suficiente para a modelagem estatística de confiabilidade). Deve-se ter muito cuidado ao definir-se critérios de censura nos itens que estão em teste de tempo de vida.

O mecanismo de censura deve ser independente, a censura ocorre independente de qualquer informação ganha de componentes previamente falhados no conjunto (Zio, 2004).

3.1 DADOS COMPLETOS DO CONJUNTO

Quando realiza-se teste em n componentes até que todos falhem e o tempo de vidas são registrados, os dados do conjunto são ditos completos (Zio, 2004).

Os dados completos demoram muito para serem obtidos, temos como exemplo : dados de tempo de vida registrados em testes de lâmpadas, uma lâmpada fluorescente tem um tempo de vida médio de 5000 horas enquanto que para realizar testes em televisores levariam-se 5 anos (43.200 horas).

3.2 DADOS CENSURADOS DO CONJUNTO

Não é prático ou muito caro esperar até que todos os componentes falhem. Censurar é cessar o teste antes que todos os componentes do conjunto falhem. Um conjunto de dados direito-censurado também é composto de unidades que não falharam durante o teste (Zio, 2004).

3.3 TIPOS DE FALHA DE DADOS

Existem 4 tipos de falha de dados: Tempo de falha exato, no qual o tempo de falha é conhecido; dados censurados a direita, nos quais só é conhecido a falha que aconteceu ou teria acontecido depois de um tempo particular. Isto acontece se um artigo ainda estiver funcionando quando o teste é concluído. Dados censurados a esquerda, dados que são conhecidas as falha que aconteceram antes de um tempo particular. Isto acontece se os artigos não são conferidos antes de serem testados, mas são periodicamente examinados e uma falha é observada ao primeiro exame. Dados de Intervalo censurado, são dados em que a falha acontece entre dois tempos. Por exemplo, se os artigos são conferidos a cada 5 horas e um artigo estava funcionando na hora 145 e falhou antes da hora 150 (Benbow and Broome, 2009).

3.4 ANÁLISE NÃO-PARAMÉTRICA

Na análise não-paramétrica nenhuma suposição é feita relativo à distribuição da qual o dado de amostra tenha sido esboçado. Na distribuição livre são examinadas propriedades dos dados. A construção de histogramas de dados da amostra são provavelmente a forma mais comum de análise não-paramétrica. Também podem ser obtidas a média de amostra, variância e outras estatísticas de amostra dos dados sem referência para uma distribuição específica (Lewis, 1994).

3.5 DISTRIBUIÇÕES DE PROBABILIDADE CONTÍNUAS E DISCRETAS

As distribuições baseadas em variáveis aleatórias que podem assumir só valores de inteiro, ou valores isolados e distintos, são chamadas de distribuições discretas. Distribuições aleatórias que podem assumir uma infinidade de números como valores em um intervalo finito são chamadas distribuições contínuas (Benbow and Broome, 2009). As distribuições de probabilidade discretas mais conhecidas são: A distribuição binomial, a geométrica e a distribuição de Poisson. As distribuições de probabilidade contínuas mais conhecidas são: A distribuição exponencial, a distribuição gama, a distribuição de Weibull, a distribuição normal e a distribuição lognormal.

3.5.1 Distribuição Binomial

A distribuição binomial é uma distribuição discreta cuja variável aleatória pode assumir um entre dois valores possíveis. Em aplicações de confiabilidade, as duas categorias podem ser operáveis e falhadas.

$$P(X = x) = \frac{n!}{(n-x)!x!} \, p^x \, (1 - p)^{n-x}$$

Onde:

n = Tamanho da amostra.

x = número de falhas.

p = proporção da população que falhou.

P = a probabilidade que a amostra tem de x falhas.

A função distribuição cumulativa *(CDF)* F(x) é definida como a soma das probabilidades acima e incluindo x valor. Mais precisamente, o *CDF* é definido como:

$$F(x) = P(X \leq x) = \sum_{t \,\leq x} P(X = t)$$

3.5.2 Distribuição geométrica

Considerando o problema prévio de ajustes de amostras independentes de experimento estocástica conhecido como processo de Bernoulli, podemos focar na probabilidade de que o primeiro sucesso ocorra em t – th amostra.

Só uma sucessão específica é agora considerada, o qual com todas falhas no primeiro t – 1 tentativa (cada uma acontece com probabilidade 1 – p) e um sucesso á tentativa de t-th (que acontece com probabilidade p). A distribuição da variável aleatória é chamada geométrica. Sua função de massa de probabilidade é:

$$g(t; p) = (1 - p)^{t-1}p \quad t = 1,2,\dots$$

Note, que (26) também é a distribuição do número de tentativas entre duas ocorrências sucessivas de sucesso, desde que as amostras de Bernoulli sejam independentes e a probabilidade de sucesso remanescente de p seja a mesma em todas as amostras.

O valor esperado da distribuição geométrica será:

$$E[T] = \sum_{t=1}^{\infty} t(1-p)^{t-1}\, p = p\,[1 + 2\,(1-p) + 3\,(1-p)^2 + \ldots] = \frac{p}{[1-(1-p)]^2} = \frac{1}{p}$$

Esta quantidade é chamada de período de retorno do processo estocástico (Zio, 2004).

3.5.3 Distribuição de Poisson

A distribuição de Poisson é uma distribuição de probabilidade discreta que pode ser usada para encontrar a probabilidade em que um evento ocorrerá em um específico número de vezes. A fórmula é:

(27)

$$P(X = x) = e^{\lambda}\, \frac{\lambda^x}{x!}$$

Onde:

x = um número inteiro.

λ = um número real.

A função distribuição cumulativa *CDF* é dada por:

(28)

$$\sum_{t < x} P(X = t) = \sum_{t < x} e^{-\lambda}\, \frac{\lambda}{t!}$$

3.5.4 Distribuição exponencial

A distribuição exponencial é uma distribuição contínua que é usada em modelo de tempo de falhas para produtos onde a taxa de falha é constante. O *PDF* é:

$$f(t) = \lambda e^{-\lambda t} \tag{29}$$

Onde:

λ = Taxa de falha constante

t = Tempo (ou alguma outra medida do produto usado tal como ciclos, quilômetros, e assim por diante.

O *CDF* para a distribuição exponencial é:

$$P(x \leq a) = F(a) = \int_0^a \lambda e^{-\lambda t} \, dt = 1 - e^{-\lambda a}$$

O *CDF* pode ser usado para determinar a probabilidade de falha durante as primeiras t

horas. A probabilidade que uma unidade esteja ainda em operação em t horas é:

P(operando no tempo t) = (1 − probabilidade de ter falhado no tempo t) = $e^{-\lambda t}$.

P(Operando no tempo t) é chamado confiabilidade no tempo t ou R(t0 assim quando a

taxa de falha é constante, R(t) = $e^{-\lambda t}$.

Por definição, o tempo médio para falha *(MTTTF)* é $\frac{1}{\mu}$.

3.5.5 Distribuição gama

Considere um item que é exposto a uma série de choques que acontecem de acordo

com um processo homogêneo de Poisson com taxa λ. Os intervalos de tempo T1, T2.,., entre

choques sucessivos são então independentes e exponencialmente distribuídos com parâmetro

gama. Assumindo que o item falhe exatamente no choque k e não antes. O tempo para falha

do item é:

$$T = T_1 + T_2 + \ldots + T_k$$

Então T é distribuído como gama (k,λ) , e algumas vezes escrito como T ~ gama(k,λ).

A função de densidade de probabilidade é:

$$f(t) = \frac{\lambda}{\Gamma(k)} \lambda t^{k-1} e^{-\lambda t}$$

Onde Γ(.) denota a função gama, t > 0, λ > 0, e k é um inteiro positivo.

3.5.6 Distribuição de Weibull

O *PDF* da distribuição de Weibull é definida como:

23

$$F(t) = \frac{\beta}{\eta} \left(\frac{t}{\eta}\right)^{\beta-1} e^{-\left(\frac{t}{\eta}\right)^{\beta}}$$

Onde:

$t \geq 0$, fator de forma $\beta \geq 0$, parâmetro de escala $\eta \geq 0$

Vários fatores são possíveis para selecionar os diferentes valores para ß. Se ß = 1 a distribuição de Weibull reduz a distribuição exponencial, e se ß ≈ 3,44 a curva aproxima-se a distribuição normal.

O *CDF* para a distribuição de Weibull é:

(34)

$$F(t) = 1 - e^{-\left(\frac{t}{\eta}\right)^{\beta}}$$

Onde, (35)

$$R(t) = 1 - F(t) = e^{-\left(\frac{t}{\eta}\right)^{\beta}}$$

3.5.7 Distribuição normal

A distribuição normal é considerada a mais importante distribuição na teoria e prática de estatísticas. Seu *PDF* é:

(36)

$$f(x) = \frac{e^{\frac{-(x-\mu)^2}{2\sigma}}}{\sigma\sqrt{2\pi}}$$

Onde μ e σ são a mediana e o desvio padrão, respectivamente. Em aplicações de confiabilidade, μ é a mediana. Mudanças neste valor movem o centro da distribuição para a esquerda ou para a direita ao longo do eixo x. Com o decréscimo do desvio padrão, a distribuição fica mais estreita, centrada ao redor da mediana. Quando unidades têm uma taxa de falha crescente como a fase de fadiga ou *wear-out*, os tempos para a falha são algumas

24

vezes distribuídas normalmente,embora seja mais comum utilizar uma distribuição de Weibull.

3.5.8 Distribuição lognormal

Se o logaritmo natural (ln) de uma variável randômica normalmente é distribuída, a variável segue a distribuição de lognormal. O *PDF* é:

(37)

$$f(x) = \frac{e^{-(\frac{x' - \mu x''}{\sigma x'})^2}}{x \sigma x' \sqrt{2\pi}}$$

Onde:

$x' = \ln x$.

$\mu_{x'} =$ mediana dos valores x'.

$\sigma_{x'} =$ desvio padrão dos valores x'.

A distribuição de lognormal tem sido considerado um bom modelo matemático para tempos de falha de alguns produtos eletrônicos e mecânicos incluindo transistores, rolamentos, e isoladores elétricos. É um bom modelo de tempo para reparar uma unidade depois de uma falha.

4 FERRAMENTA COMPUTACIONAL

O avanço da manufatura de componentes eletrônicos em larga escala e o desenvolvimento de uma grande variedade de softwares a partir do início da década de setenta, ferramentas computacionais se tornaram cada vez mais utilizadas no planejamento e implantação de manutenção utilizando *RCM*. O Software MINITAB é uma das ferramentas computacionais mais utilizadas para análise de confiabilidade.

25

4.1 HISTÓRICO

Por mais de 30 anos, o software MINITAB tem fornecido soluções de análise de dados para usuários de todos os níveis: de cientistas a estudantes, de engenheiros a enfermeiros. Originalmente desenvolvido em 1972 para auxiliar professores a lecionarem estatística básica, o MINITAB agora é usado em mais de 4.000 faculdades e universidades espalhadas por 80 países, além de ser amplamente utilizado no mundo dos negócios. O MINITAB oferece acuradas ferramentas de controle da qualidade, projeto de experimentos, análise de confiabilidade e estatística geral. E é o software mais utilizado no desenvolvimento da estratégia Seis Sigma nas empresas (www.minitabbrasil.com.br).

4.2 CARACTERÍSTICAS DO SOFTWARE MINITAB 14

O MINITAB 14 possui compatibilidade com o Software Windows da Microsoft, podendo importar dados no formato de tabelas do Excel (pacote Office da Microsoft).Este software também possui recursos de estatística básica e avançada, histogramas, gráficos novos e otimizados com qualidade para apresentação. Permite simulações e distribuições probabilísticas, análise de confiabilidade, estatística não-paramétrica entre outras aplicações.

4.2.1 Minitab 14 e excel

Dados são atualizados automaticamente construindo link entre o MINITAB e o Excel . Criando um *Worksheet Link* (Figura 6) para transferir automaticamente do Excel para o MINITAB pode-se gerar cartas de controle. Diversas empresas coletam dados e os armazenam no Excel.

4.2.2 Estatística básica e avançada

O MINITAB inclui uma infinidade de procedimentos de estatística básica usados para estimações simples e testes de hipóteses com duas ou mais amostras. Elas são geralmente análises preliminares para a confecção de análises mais avançadas. Entre estas estão as estatísticas descritivas e gráficos, testes de hipóteses e intervalos de confiança, variância e correlações.

4.2.3 Histograma

O histograma é um gráfico de barras que permite a visualização da distribuição de freqüências de um conjunto de dados, isto é, permite visualizar a freqüência de ocorrência dos valore observados.

4.2.4 Análise de confiabilidade

As ferramentas de Análise de Confiabilidade do MINITAB ajudam a entender as característica do "tempo de vida" de um produto ou peça. Usando curvas de sobrevivência para análise de dados de vida de sistemas não-reparáveis e reparáveis, ou comandos de regressão com dados de vida para predizer o tempo de falha relacionado a um ou mais preditores.

4.2.5 Estatística não-paramétrica

Muitos procedimentos estatísticos ganham um grau de poder quando assumimos que os dados seguem uma dada distribuição – usualmente a distribuição normal. Um teste não–paramétrico não faz esta suposição, então os resultados são mais robustos contra violações de distribuições. Se as suposições forem violadas para um teste baseado em um modelo paramétrico, você pode optar por realizar um teste não-paramétrico.

5 DESENVOLVIMENTO EXPERIMENTAL DA MODELAGEM DE CONFIABILIDADE DOS ITENS DO FORNO DE TRATAMENTO TÉRMICO

Os itens importantes em um forno de têmpera são os termopares, resistências elétricas para o aquecimento, sondas de carbono e os controladores de temperatura. Ao levantar os dados da manutenção corretiva em campo, foram constatados que faltavam dados para realizar a modelagem de confiabilidade das resistências elétricas e que poucas falhas ocorreram com as sondas de carbono e os controladores de temperatura. Foram obtidos dados dos termopares, com estes dados elaborou-se a modelagem de confiabilidade destes sensores de temperatura.

5.1 MODELAGEM DE CONFIABILIDADE DOS TERMOPARES

Vinte e cinco termopares monitoram as temperaturas de nove fornos de tratamento térmico de têmpera, com o histórico de substituição destes termopares foi elaborada uma tabela com a ferramenta computacional Excel. Quatro colunas foram montadas, uma para a identificação do termopar, uma para a falha, outra para termopares censurados e outra com o tempo de vida em horas. Os n tempos até a falha ou censura foram colocadas em ordem ascendente de vida (figura 6). Sete termopares foram censurados devido à manutenção corretiva em resistências elétricas ou a manutenção do refratário do forno, estas manutenções alteraram as condições de temperatura normal do forno, portanto seus termopares foram considerados censurados para a modelagem de confiabilidade o que pode ser observado na planilha da figura 6. Uma nova tabela foi elaborada sem os termopares censurados. A tabela com dezoito termopares com falhas (figura 7) foi utilizada para a modelagem com o uso da ferramenta computacional MINITAB .

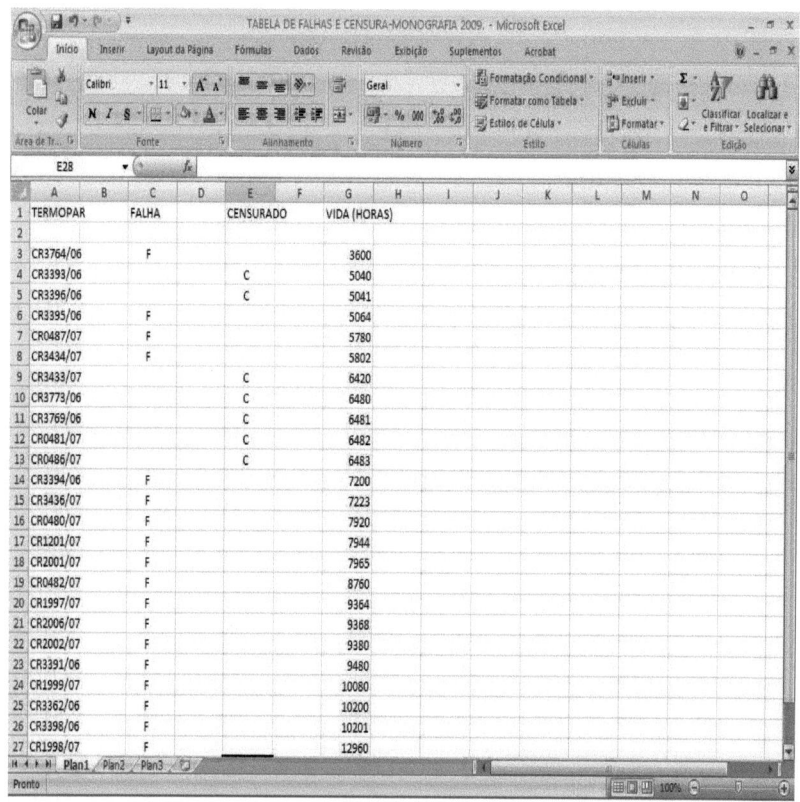

Figura 6. Termopares com falha e censura

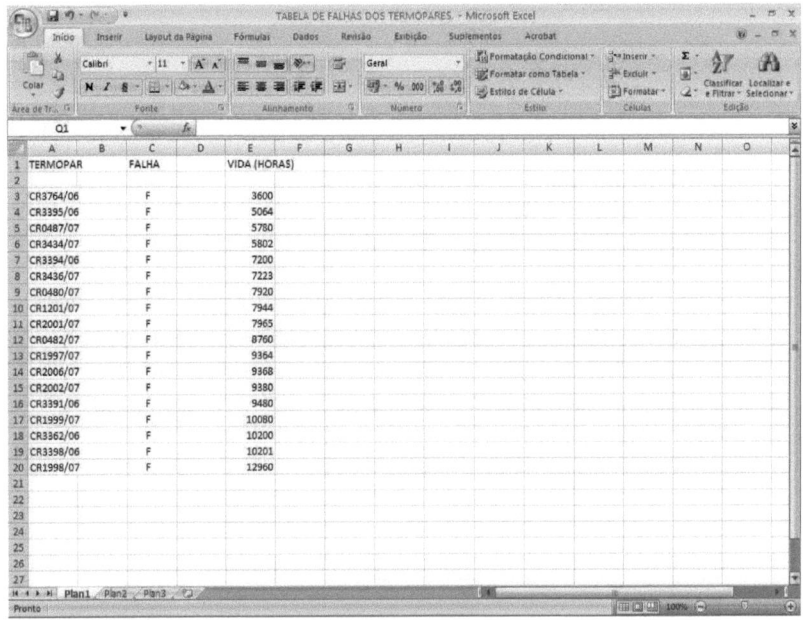

Figura 7. Termopares com falha

5.2 MODELAGEM UTILIZANDO MINITAB 14

Os dados da tabela foram transferidos para o MINITAB 14, esta ferramenta computacional possui comandos que permitem a transferência dos dados automaticamente, (figura 8). Com base nas informações obtidas, estima-se as quantidades de interesse. Qual a chance de um termopar falhar em 8.400 horas? Qual o tempo para que falhem cinco por cento dos termopares? Qual a chance de um termopar durar 3.000horas?

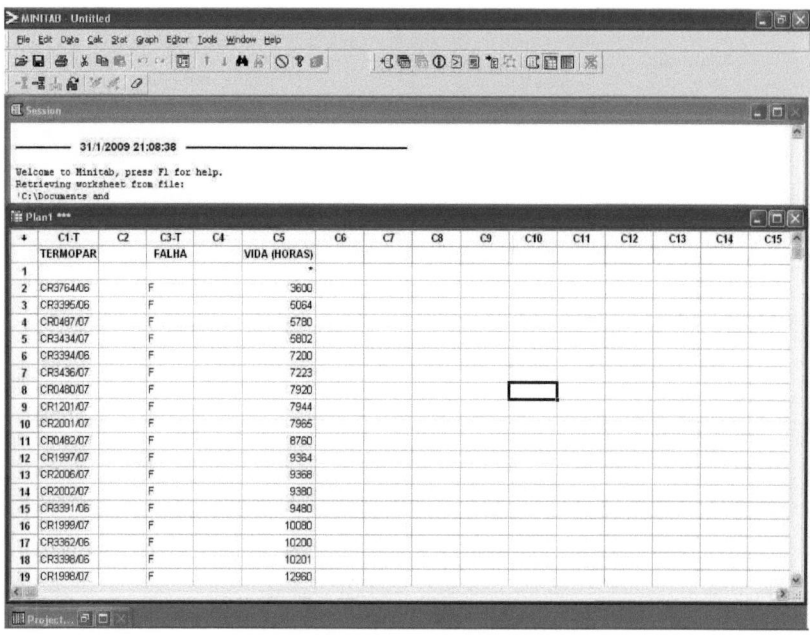

Figura 8. Dados transferidos do Excel para o MINITAB 14

Para se obter as informações desejadas, utilizam-se as seguintes sequências de comandos : *Stat > Reliability/Survival > Distribution Analysis (Right Censoring)*. Seguindo essa rota, são apresentadas as opções da figura 14. Primeiro especifica-se a distribuição dos dados (figura 9) depois a opção *Distribution ID Plot Right Censoring* é apresentada para a escolha do tipo de distribuição.

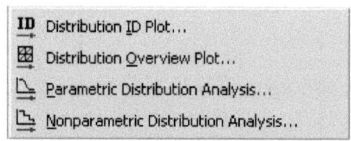

Figura 9. Barra de seleção de tipos de distribuições

Abre-se a *worksheet* Tempo e seleciona-se a seguinte sequência de commandos : *Stat* > *Realibility/Survival* > *Distribution Analysis (Right censoring)* > *Distribution ID Plot* (figura 10). Em *Variables*, elabora-se a coluna Tempo; seleciona-se o default como *Weibull, Lognormal, Exponetial* e *Normal* na janela *Variables* (figura 11).

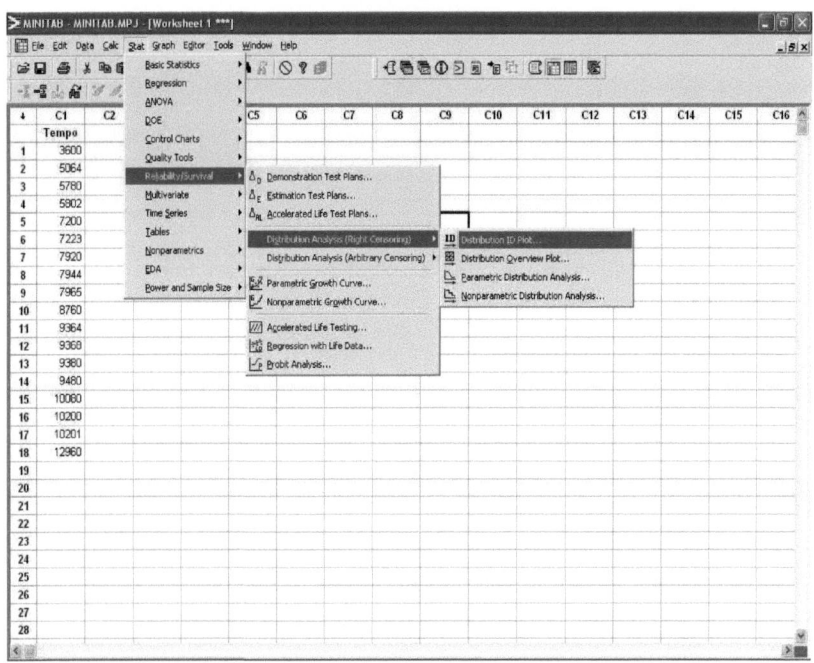

Figura 10. Caminho para selecionar o tipo de distribuição

32

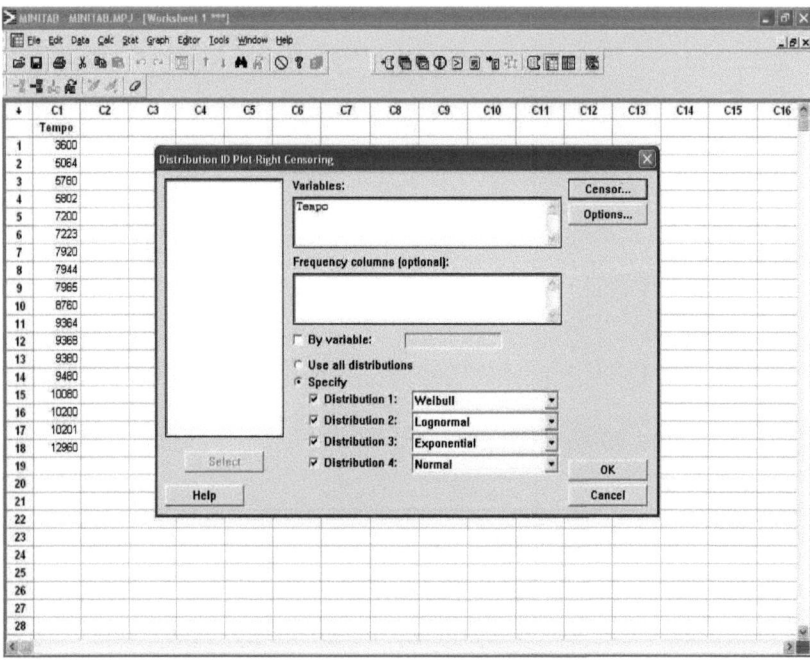

Figura 11. Seleção dos dados e dos tipos de distribuições

Nessa saída, são verificados se os dados se ajustam a alguma distribuição, entre as quatro testadas(distribuição de Weibull, Lognormal, Exponencial e Normal) . No gráfico da distribuição de Weibull, verifica-se que os pontos caem bem próximos da linha reta, o que indica que essa distribuição pode ser uma boa escolha na execução da Análise de Tempos de Falha (figura 12).

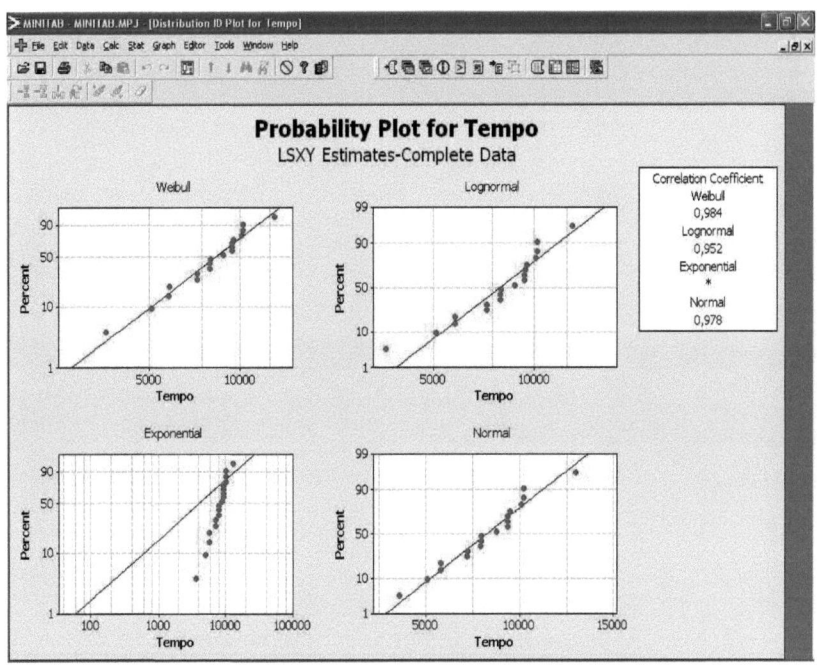

Figura 12. Estatísticas de Anderson-Darling(Best fitting)

5.2.1 Análise da distribuição de Weibull

O MINITAB Fornece todos os dados da distribuição mais ajustada para a análise de tempos de falha, ao observar os gráficos gerados pelo MINITAB (figura 14) verifica-se que a distribuição de Weibull é a distribuição em que os pontos estão mais ajustados em torno da reta, sendo a distribuição mais adequada para o estudo de confiabilidade dos Termopares.

Após a seleção exclusiva da distribuição de Weibull, observa-se os gráficos gerados que fornecem a função densidade de probabilidade, Plot da probabilidade, função sobrevivência e função perigo (figura 14).

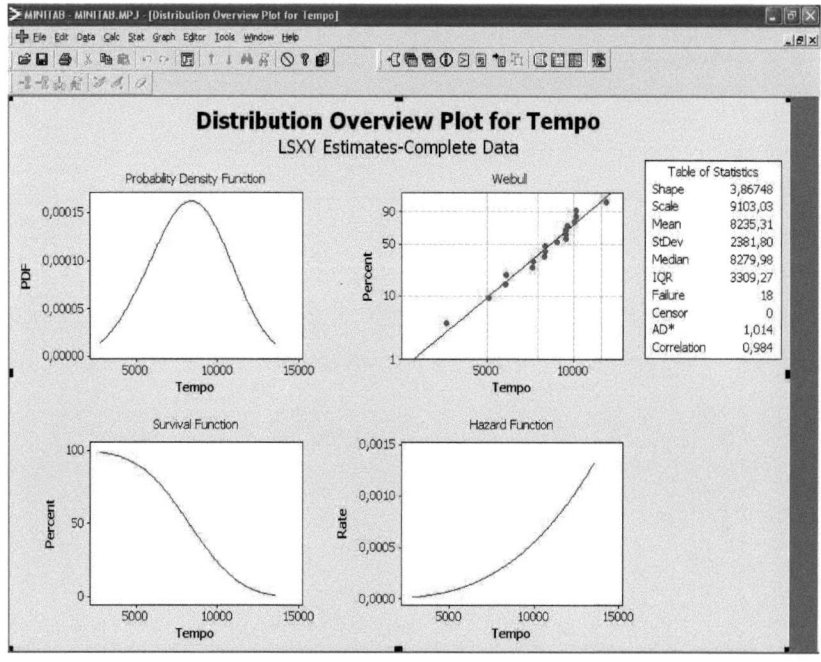

Figura 13. Gráficos de distribuição de Weibull

5.2.1.1 Função densidade de probabilidade

Este gráfico da distribuição de Weibull fornece a chance relativa de que o termopar venha falhar em qualquer tempo particular; quando pausa-se o cursor sobre essa curva, o MINITAB exibe uma tabela de tempos de falha e a probabilidade da ocorrência de falha em qualquer tempo particular (figura 15).

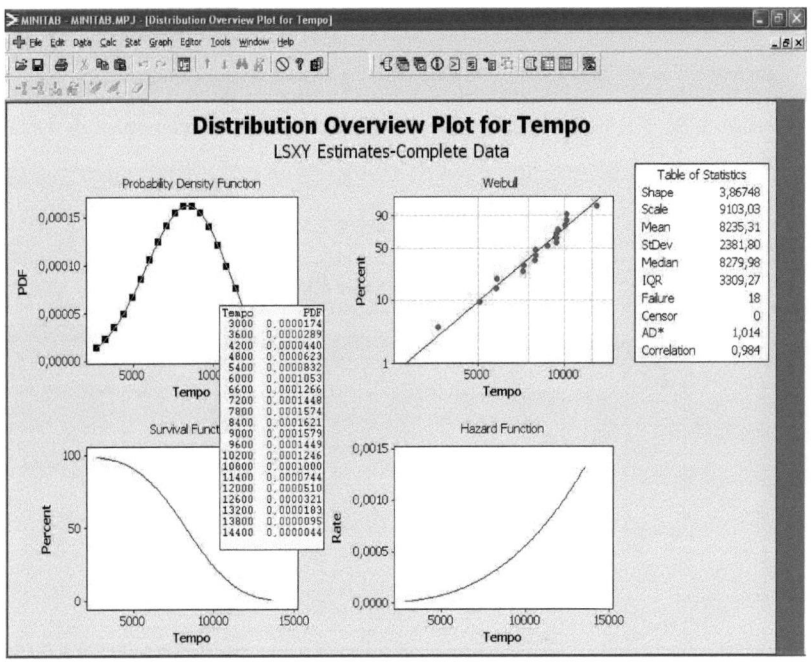

Figura 14. Função densidade de probabilidade

A interpretação desses valores permite chegar à conclusão de que a chance de um termopar falhar com 3000 horas é de 0,00174%, e com 8400 horas é de 0,01621%.

5.2.1.2 Plot da probabilidade

Esse gráfico é o mesmo da análise *Distribution ID Plot*, onde procura-se por uma distribuição que se ajustasse aos dados. Ele é repetido nessa análise para mostrar o ajuste da distribuição escolhida, caso não houvesse sido testado anteriormente.

5.2.1.3 Função de sobrevivência

O gráfico de sobrevivência (figura 15) descreve a probabilidade de que um item sobreviva até um determinado tempo. Assim, o *Survival Plot* exibe a confiabilidade do item ao longo do tempo. O eixo Y exibe a probabilidade de sobrevivência e o eixo X exibe a medida de confiabilidade (que nesse caso é o tempo em horas). Quando pausa-se o cursor sobre essa curva, o MINITAB exibe uma tabela de tempos de falha, com a probabilidade de sobrevivência em cada tempo. Verifica-se que a chance de um termopar durar 3000 horas ou mais é de 98,6428% e a chance de um termopar durar 12600 horas ou mais é de 2,97232%.

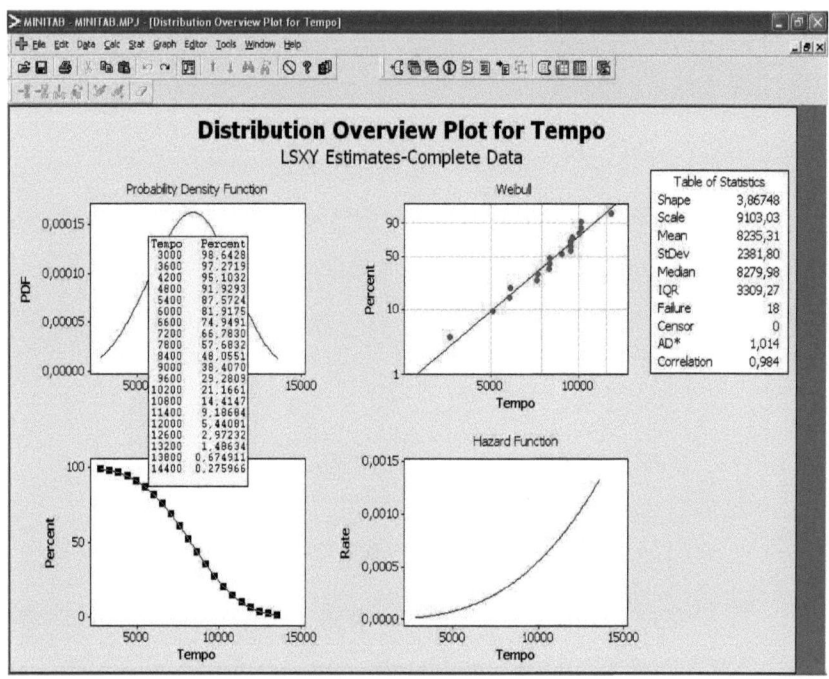

Figura 15. Função de sobrevivência

5.2.1.4 Função de perigo

Fornece a taxa de falha instantânea em um tempo particular, t. A *Hazard function* (figura 16) mostra a tendência da taxa de falha ao longo do tempo. Portanto, a taxa de falha desse item é crescente, ou seja, os itens se tornam mais prováveis de falharem à medida que o tempo passa e eles se tornam mais "velhos". Uma função crescente tipicamente aparece nos estágios mais tarde da vida de um item. A forma dessa função, assim como das demais, é determinada com base nos dados e na distribuição escolhida (que nesse caso é a distribuição de Weibull).

37

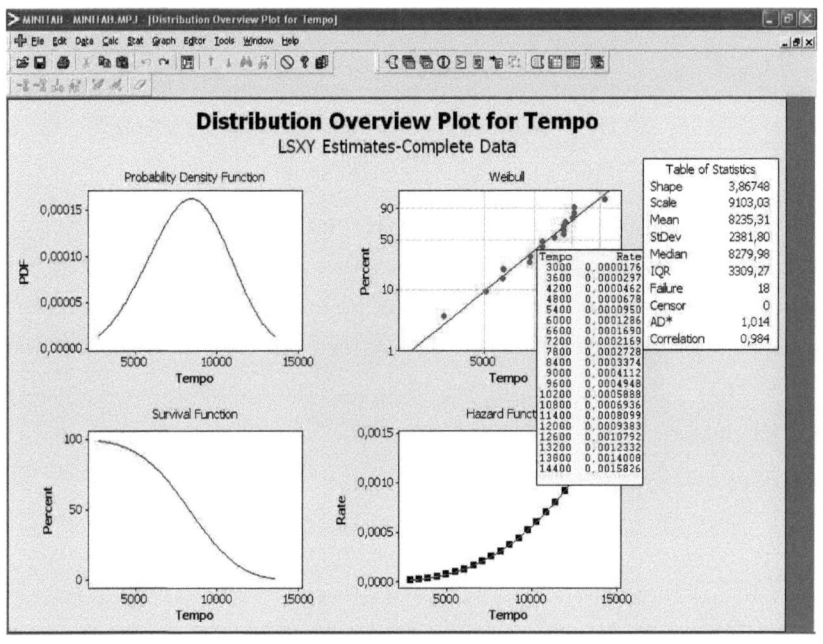

Figura 16. Função Perigo

5.2.2 Análise paramétrica da distribuição

Com esta análise podemos estimar percentuais e probabilidades de sobrevivência. Seleciona-se primeiro *Stat > Reliability/Survival > Distribution Analysis (Right censoring) > Parametric Distribution Analysis* (Figura 17). Em *Variables,* seleciona-se a variável Tempo, em *Assumed distribution,* marca-se *Weibull* (figura 18), seleciona-se *Estimate* e em *Estimate percentiles for these additional percents* digita-se 0,1 (tempo que leva para 0,1% dos termopares falharem). Em *Estimate probabilities for these times (values),* digita-se 12.000. (proporção de termopares que irão falhar após 12.000 horas) seleciona-se OK; e depois seleciona-se *Graphs.* Desmarca-se a opção *Probability Plot* e marca-se *Survival plot.* Novamente selecionar O.K (figura 19). Ao concluir este procedimento teremos os dados tabelados da distribuição de Weibull para a amostragem dos termopares não censurados (figuras 20 e 21).

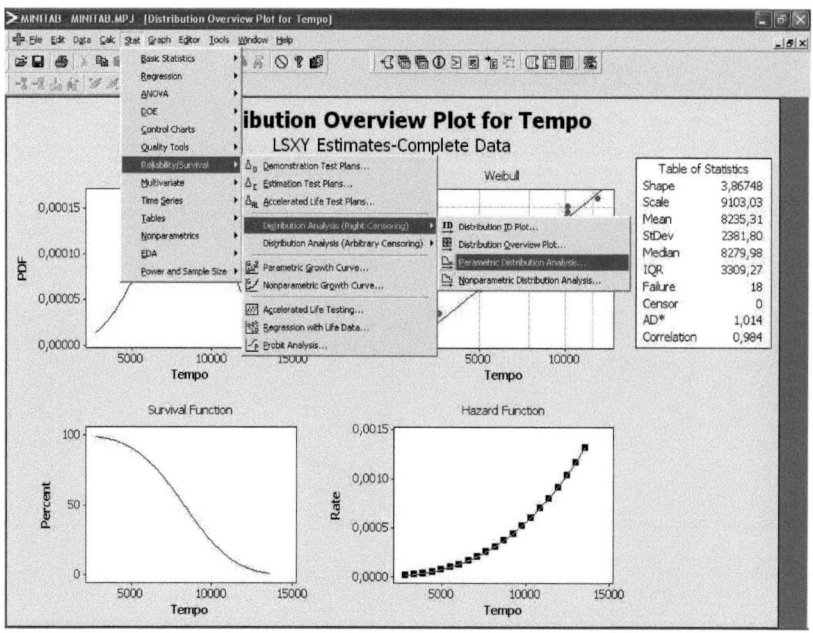

Figura 17. Sequência de janelas para seleção de Análise de Distribuição

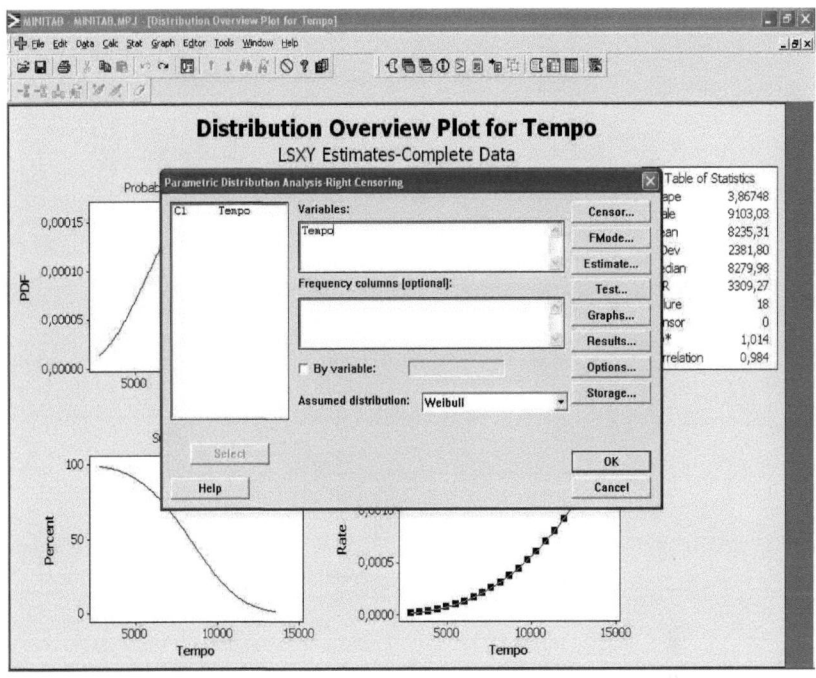

Figura 18. Seleção dos dados e tipo de distribuição à analisar

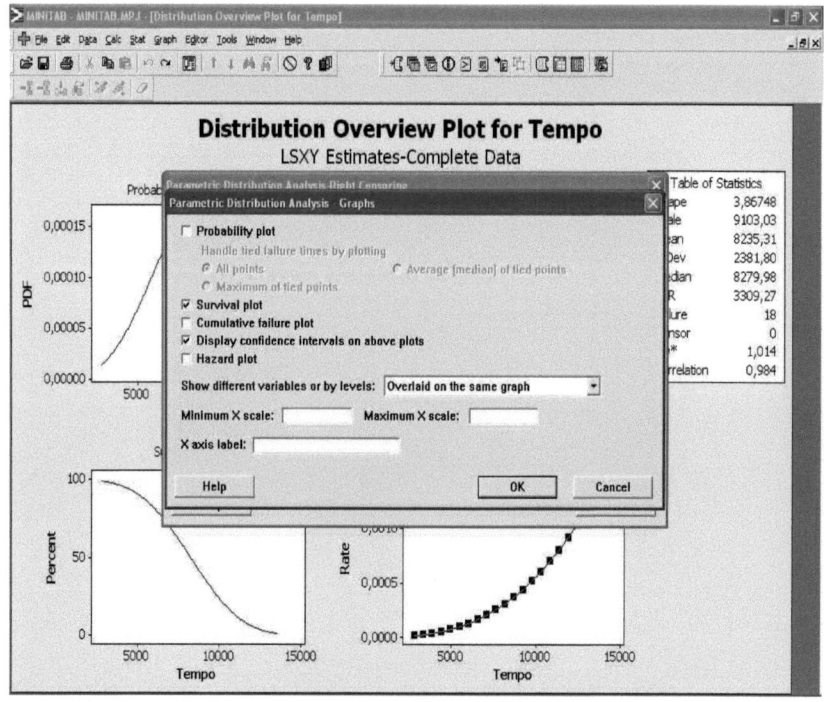

Figura 19. Definindo faixa para análise

Os percentuais na análise de distribuição de Weibull (figura 21) indica o tempo no qual se espera que uma porcentagem da população dos itens irá falhar. Utiliza-se os valores dos percentuais para determinar se o item satisfaz os requerimentos de confiabilidade ou para comparar a confiabilidade de dois ou mais tipos de itens diferente. Pela tabela podemos verificar que leva 1525,96 horas para 0,1% dos termopares falharem. Podemos visualizar também que leva 4.223,29 horas para 5% dos termopares falharem, ou seja, em 4.223,29 horas 95% dos termopares ainda estariam funcionando.

Figura 20. Análise da Distribuição de Weibull

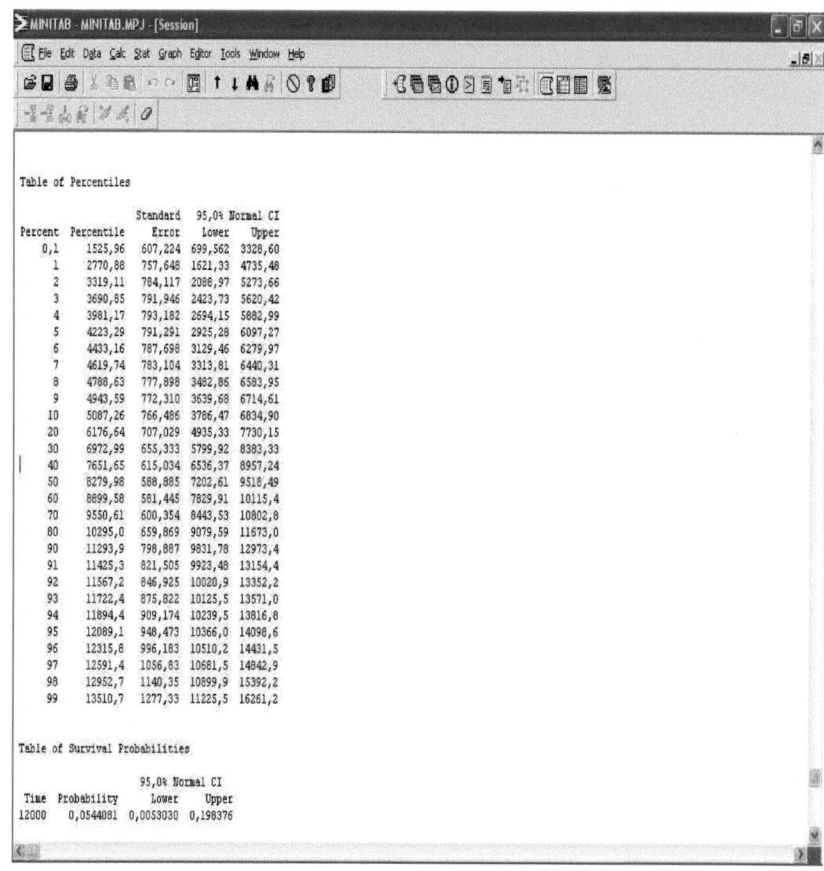

Figura 21. Análise da Distribuição de Weibull em porcentagem.

Na tabela de *Survival Probalities*, verifica-se que 81,9175% dos termopares ainda estarão funcionado após 6.000 horas (Figura 22).

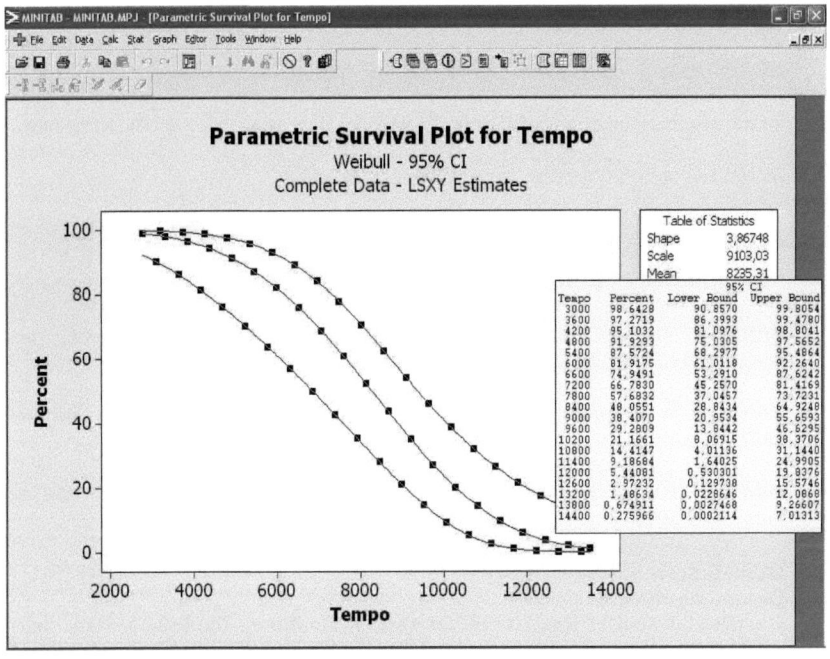

Figura 22. Plotagem paramétrica de sobrevivência

6 CONCLUSÃO

A contribuição esperada deste trabalho foi apresentar de forma simples ferramentas para a realização de manutenção preventiva em fornos de tratamento térmico de têmpera para fixadores industriais e salientar a distorção que pode ocorrer ao utilizar o tratamento convencional, isto é, admitindo-se a normalidade do processo e obter estimativas errôneas. Verificou-se que a distribuição de Weibull é a distribuição que melhor atende ao tratamento dos dados em campo. Devido à necessidade de obter dados confiáveis de campo, o trabalho foi limitado aos termopares, existe a necessidade de melhorar o banco de dados dos demais componentes dos fornos para uma futuro e mais amplo estudo de manutenção preventiva. O estudo permitiu elaborar um plano de preventiva em termopares o qual será primeiramente implantado nos termopares da 3ª zona de controle de temperatura onde temos que ter maior confiabilidade dos termopares. Adotamos uma substituição de termopar desta zona a cada 7 meses, tendo-se uma confiabilidade de 91,9 % , ou seja , 91.9% dos termopares estarão funcionado após 4800 horas.

7 REFERÊNCIAS BIBLIOGRÁFICAS

BENBOW, D.; BROOME,H. *The Certified Reliability Engineer Handbook.* Milwaukee: ASQ Quality Press, 2009.

BIROLINI, A. *Reliability Engineering : Theory and Practice.* 5ed. Berlin : Springer-Verlag, 2007.

DIMOV, I. *Monte Carlo Methods for applied scientists.* Singapore: World Scientific Publishing, 2008.

DUMMER, G.; TOOLEY,M.;WINTON,R. An Elementary Guide to Reliability. 5ed., Oxford: Butterworth-Heinemann, 1997.
DYADEM ENGINEERING CORPORATION. Guidelines for Failure Mode and Effects Analysis for Automotive, Aerospace and General Manufacturing Industries. Ontario: Dyadem Press, 2003.

Freeman, W. H. and Company. *Minitab Manual for David Moores's Basic Practice of Statistics.* New York, 4ed, 2006. Disponível em: <http://www.austincc.edu/mparker/1342/tf/mm/ >. Acesso em: 4 nov. 2008.

GROSS, J. *Fundamentals of Preventive Maintenance.* New York: AMACOM books, 2002.
HOYLE, D. *Automotive Quality Systems Handbook : ISO/TS 169492002.* 5ed. Oxford: Elsevier Butterworth-Heinemann, 2005.

Information Systems Services, University of. *Getting started with Minitab 14 for Windows.* University of Leeds, 2ed 2004. Disponível em: <http://iss.leeds.ac.uk/downloads/tut76.pdf >. Acesso em 6 out. 2008.

LAFRAIA, J. R. B. *Manual de Confiabilidade, Mantenabilidade e Disponibilidade.* 2ª reimpressão. Rio de Janeiro: Qualitymark: Petrobras, 2006.

LEWIS, E. *Introduction to Reliability Engineering .* 2ed. New York: John Wiley & sons, 1994.

MOUBRAY, J. *Reliability-centered Maintenance*. 2ed. Rev e ampl., Oxford: Butterworth-Heinemann, 1997.

NELSON, W. *How to Analyze Reliability Data*. Vol.6. Milwaukee: ASQC Quality Press, 1983.

Pasha, G. R. ; Khan, S. K. ; Pasha, A. H. *Reliability analysis of fans*. Journal of Research(Science), Bahauddin Zakariya University, Multan Pakistan, Vol. 18, N° 1, jan. 2007, p. 19-33. Acesso em: 22 jul. 2008.

PHAM, H. *Reliability Modeling , Analysis and optimization : Series on Quality , Reliability and Engineering Statistics*. Vol.9. Singapore: World Scientific Publishing, 2006.

RAUSAND, M. *System Reliability Theory Models, Statistical Methods, and Applications*. 2ed. Hoboken: John Wiley & sons, 2004.

Realiasoft Corporation. *Published examples using the Weibull distribution:* Weibull distribution example 15. Tucson: 2006. Disponível em: < http://www.weibull.com/LifeDataWeb/published examples using the weibull distribution.h tm>. Acesso em: 28 set. 2008.

RINNE, H. *The Weibull Distribution : A Handbook*. New York: CRC Press, 2009.

SIMÕES, R. *Metodologia do Trabalho Científico*. São Paulo: v. I, 2007.

SMITH, A.; HINCHCLIFFE,G. *RCM-Gateway to world class maintenance*. Oxford: Elsevier Butterworth-Heinemann, 2004.

TOLEDO, M. L. Aplicações do Minitab em diversas áreas do conhecimento. In: WORK SHOP, IX SEMANA DE ESTATÍSTICA DA UNICAMP, 2006 , Campinas.

ZIO, E. *An Introduction to the Basics of Reliability and Risk analysis : Series on Quality , Reliability and Engineering Statistics*. Vol. 13. Singapore: World Scientific Publishing, 2007.

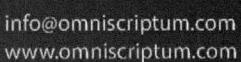